动物探索

超有趣的动物百科

四季的鸟

温会会 编　曾平 绘

浙江摄影出版社

春天来了，温暖的阳光洒向人间。

微风中，芳草如茵，树枝上的花朵次第开放，仿佛灿烂的笑脸。

"叽叽喳喳……"

一群可爱的小麻雀飞到树枝上，尽情地唱着歌。它们披着一身灰褐色的外套，眼睛亮晶晶的。

　　穿着花衣的燕子纷纷回来了。它们的尾巴犹如剪刀,飞行姿势多么优美!

　　瞧,燕子衔来泥土、草茎和羽毛,忙着在屋檐下筑巢。

　　"知了知了……"

　　树上的蝉叫醒了炎热的夏天，火辣辣的阳光烘烤着大地。

"布谷，布谷……"

夏天是布谷鸟产蛋的季节。布谷鸟不爱筑巢，它偷偷地飞进其他鸟的窝，在里面生下了蛋。

湖边，一群漂亮的白鹭在嬉戏玩耍。

它们有的在水中散步；有的用又长又尖的嘴巴捕捉小鱼；还有的展开翅膀，轻轻地掠过水面，朝远处飞去。

秋天悄悄来临。

金黄的落叶飘向地面，就像给大地铺上了一条黄色的毯子。一阵凉风吹来，树上的果实散发出诱人的甜香。

15

16

　　柳莺的个头比麻雀还要小，聪明又机灵。它们活泼好动，喜欢在树丛中跳来跳去捉虫吃。哪怕是一闪而过的小飞虫，也逃不过它们的眼睛。

　　山谷中，鹧鸪正忙着寻找食物。鹧鸪的身上分布着白点，十分醒目。它们善于行走，不常飞行，但飞行速度很快。

　　秋风阵阵，成群的大雁开始了一年一度的
迁徙。它们排着整齐的队形，飞向南方。

　　这种随着季节的变更而迁徙的鸟类，被称
为候鸟。

冬天来了，雪花像一个个小精灵，争先恐后地飘落。光秃秃的树枝穿上了雪白的外套。

寒风中，大地仿佛睡着了。

旷野中，喜鹊冒着严寒出来觅食。枯黄的草地上，它遇到了同样在寻找食物的麻雀和鸽子。

这种终年生活在一个地方，不随着季节而迁徙的鸟类，被称为留鸟。

漫漫冬季中，鸟儿们期待着春天的到来。

一年四季，各种各样的鸟儿给大自然带来了无限的生机和活力！

责任编辑 张 宇
责任校对 朱晓波
责任印制 汪立峰

项目设计 北视国

图书在版编目（CIP）数据

四季的鸟 / 温会会编；曾平绘. -- 杭州：浙江摄
影出版社，2023.2
（动物探索·超有趣的动物百科）
ISBN 978-7-5514-4227-5

Ⅰ．①四… Ⅱ．①温… ②曾… Ⅲ．①鸟类—儿童读
物 Ⅳ．① Q959.7-49

中国版本图书馆 CIP 数据核字（2022）第 204368 号

SIJI DE NIAO

四季的鸟

（动物探索·超有趣的动物百科）

温会会 / 编 曾平 / 绘

全国百佳图书出版单位
浙江摄影出版社出版发行
　　地址：杭州市体育场路 347 号
　　邮编：310006
　　电话：0571-85151082
　　网址：www.photo.zjcb.com
制版：北京北视国文化传媒有限公司
印刷：唐山富达印务有限公司
开本：889mm×1194mm 1/16
印张：2
2023 年 2 月第 1 版　2023 年 2 月第 1 次印刷
ISBN 978-7-5514-4227-5
定价：42.80 元